BEI GRIN MACHT SICH IHR WISSEN BEZAHLT

- Wir veröffentlichen Ihre Hausarbeit, Bachelor- und Masterarbeit

- Ihr eigenes eBook und Buch - weltweit in allen wichtigen Shops

- Verdienen Sie an jedem Verkauf

Jetzt bei www.GRIN.com hochladen und kostenlos publizieren

David Hanio

Einführung in die Methoden der empirischen Human- geographie

Portfolio-Zusammenstellung

GRIN Verlag

Bibliografische Information der Deutschen Nationalbibliothek:

Die Deutsche Bibliothek verzeichnet diese Publikation in der Deutschen National-
bibliografie; detaillierte bibliografische Daten sind im Internet über http://dnb.d-
nb.de/ abrufbar.

Impressum:

Copyright © 2014 GRIN Verlag GmbH
Druck und Bindung: Books on Demand GmbH, Norderstedt Germany
ISBN: 978-3-656-74760-4

Dieses Buch bei GRIN:

http://www.grin.com/de/e-book/280730/einfuehrung-in-die-methoden-der-empiri-
schen-humangeographie

Institut für Didaktik der Geographie
Westfälische Wilhelms-Universität Münster
Seminar: Geographiedidaktisch Forschen

Forschungsbericht

Bearbeitet von:
David Hanio

Inhaltsverzeichnis

Legende

 Wichtiger Hinweis

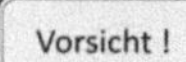 Vorsicht

 Tipp/ Empfehlung

 Wichtige Definition

 Literatur

 Beispiel

 Querverweis

 Fragen

Teil A - Einführung in die Methoden der empirischen Humangeographie

1. Quantitativer Forschungsprozess

Ziele:
- Populationen zu beschreiben (deskriptive Untersuchung)
- Phänomene durch Theorien und Hypothesen zu klären
- ⇨ Hypothesenüberprüfung von einem deduktiven Forschungsprozess (durch zählbare und messbare Merkmale und Kategorisierung)

Eine Hypothese bei deduktiver Vorgehensweise ist der Ausgangspunkt und die Basis der empirischen Untersuchung!

Lineare Forschungsstrategie (Abb. 1) ist „ein streng zielorientiertes Vorgehen, das die `Objektivität´ seiner Resultate durch möglichst weitgehende Standardisierung aller Teilschritte anstrebt und das zur Qualitätssicherung die intersubjektive Nachprüfbarkeit des gesamten Prozesses als zentrale Norm postuliert." (KROMEY 2006, S. 36)

1.1 Themenauswahl
- Ziel: Bestand an <u>gesicherten Wissen</u> im jeweiligen Untersuchungsbereich zu erweitern (Thema in einen überschaubaren Bereich eingrenzen)
- Möglichkeiten:
  a) Ideensammlung
  b) Replikationen
  c) Mitarbeit an Forschungsprojekten
  d) Kreative Suchstrategien

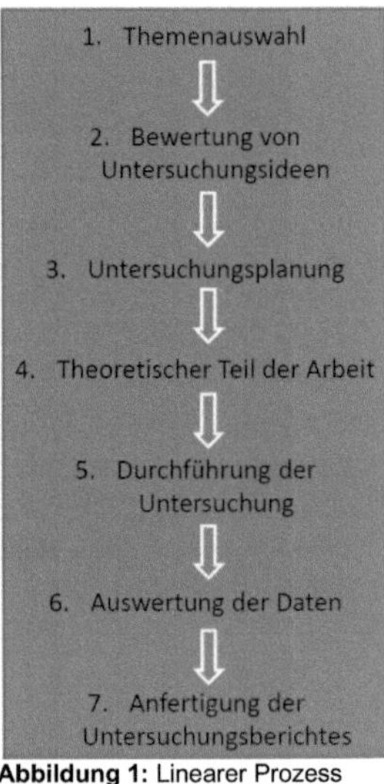

Abbildung 1: Linearer Prozess (Quelle: Eigene Darstellung nach DÖRING et al. 2006, S. 35)

1.2 Bewertung der Untersuchungsidee
- Die Umsetzbarkeit ist an allgemein wissenschaftliche und untersuchungstechnische Kriterien zuknüpfen
  - Präzision der Problemformulierung
  - Empirische Untersuchbarkeit
  - Wissenschaftliche Tragweite
- Ethische Gesichtspunkte beachten
  - Ethische Sensibilität
  - Anonymisierung
  - Informationspflicht
  - Verantwortung des Leiters

1.3 Untersuchungsplanung

Umsetzung ist für den Grad des Untersuchungserfolgs ausschlaggebend!

Anspruch der geplanten Untersuchung
- Realistische Einschätzung des Anspruchs vom eigenen Untersuchungsvorhaben in Abhängigkeit des Zwecks der Untersuchung

Literaturstudium
- Orientierung
  - Ersten Einblick in den Forschungsstand
  z.B. durch Metaanalysen
- Vertiefung
  - Literaturverzeichnisse als Fundgrube
- Dokumentation

Wahl der Untersuchungsart

- Ist gebunden an das Kriterium „Stand der Forschung"
  ⇨ Die Wahl kann durch das ausführliche Literaturstudium getroffen werden

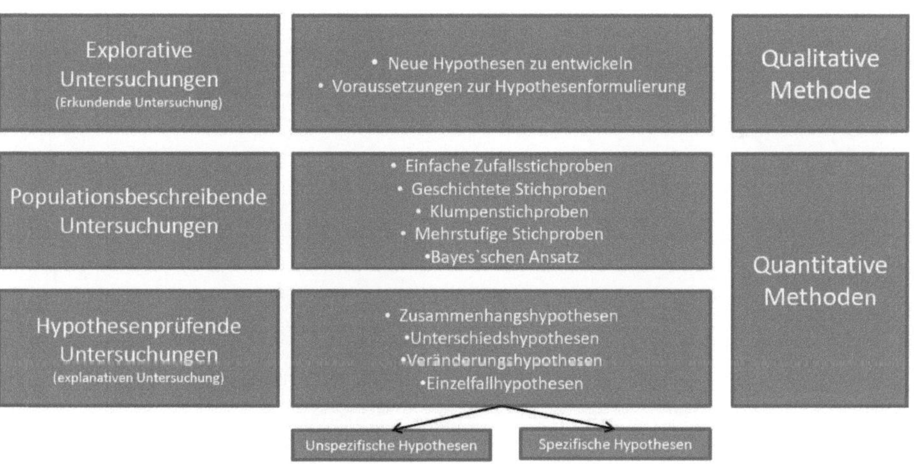

Abbildung 2: Wahl der Untersuchungsart (Quelle: Eigene Darstellung nach DÖRING et al. 2006, S. 49 ff)

<u>Validität der Untersuchungsfrage</u>
- Intern valide (kausal eindeutig)
- Extern valide (hinausgehend generalisierbar)
  ⇨ Gegenseitiges Beeinflussung (Kompromisslösung finden)

Theoretische Diskussion zur Validität: PATRY 1991
Ergänzung statistischer Validität: COOK et al. 1979

Untersuchungsvarianten

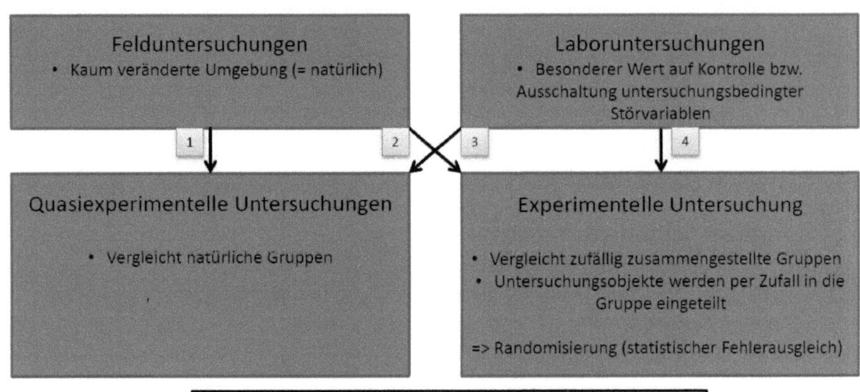

Abbildung 3: Untersuchungsvarianten (Quelle: Eigene Darstellung nach DÖRING et al. 2006, S. 53 ff)

◼ **Tab. 2.1.** Kombination der Untersuchungsvarianten »experimentell vs. quasiexperimentell« und »Felduntersuchung vs. Laboruntersuchung«

	Experimentell	Quasiexperimentell
Feld	Interne Validität +	Interne Validität −
	Externe Validität +	Externe Validität +
Labor	Interne Validität +	Interne Validität −
	Externe Validität −	Externe Validität −

Abbildung 4: Kombination der Untersuchungsvarianten (Quelle: DÖRING et al. 2006, S. 58)

Thema der Untersuchung
- Arbeitstitel finden
- Folgende Aufgaben können akzentuiert werden:
  - Überprüfung spezieller theoretisch begründeter Hypothesen oder Forschungsfragen
  - Replikation wichtiger Untersuchungen
  - Klärung widersprüchlicher Untersuchungen oder Theorien
  - Überprüfung neuer methodischer oder untersuchungstechnischer Varianten
  - Überprüfung des Erklärungswertes bisher nicht beachteter Theorien
  - Erkundung von Hypothesen

Operationalisierung und Begriffsdefinitionen
- Begriffsdefinitionen
  - a) Real- und Normdefinitionen
  - b) Analytische Definitionen
  - c) Operationale Definitionen

Messtheoretische Probleme
- Betrachtung der Skalenarten

Skalenart	Mögliche Aussagen	Beispiele
1. Nominalskala	Gleichheit Verschiedenheit	Telefonnummern Krankheitsklassifikationen
2. Ordinalskala	Größer-kleiner-Relationen	Militärische Ränge Windstärken
3. Intervallskala	Gleichheit von Differenzen	Temperatur (z. B. Celsius) Kalenderzeit
4. Verhältnisskala	Gleichheit von Verhältnissen	Längenmessung Gewichtsmessung

Abbildung 5: Die vier wichtigsten Skalentypen (Quelle: BORTZ et al. 2010, S. 13)

Unter Skalen „versteht man ein empirisches Relativ, ein numerisches Relativ und eine die beiden Relative verknüpfende homomorphe Abbildungsfunktion." (DÖRING et al. 2006, S. 66)

Skalentypen: BORTZ et al. 2010, S. 12ff

Auswahl der Untersuchungsobjekte
a) Art und Größe der Stichprobe
b) Anwerbung von Teilnehmern
c) Determinanten der freiwilligen Untersuchung
d) Untersuchungsteilnahme
e) Studierende als Versuchsperson

Durchführung, Auswertung und Planungsbericht

- <u>Immer noch auf Planungsebene!</u>

=> Planung der Unterrichtsdurchführung (z.B. Fragebogenkonstruktion)
=> Aufbereitung der Daten (z.B. Einsatz von Statistikprogrammen)
=> Planung statistischer Hypothesenprüfung
=> Interpretation möglicher Ergebnisse
=> Exposé und Gesamtplanung

1.4 Theoretischer Teil der Arbeit

- Den theoretischen Teil vor der Datenerhebung schreiben
- Darstellung des inhaltlichen Problems
- Literaturbericht
- Detaillierte Hinweise zur Methodik
- Stand der Theoriebildung
- **Ableitung theoretisch begründeter inhaltlicher Hypothesen bzw. der Formulierung statistischer Hypothesen**

1.5 Durchführung der Untersuchung

- Sorgfältige und detaillierte Planung führt zu keinen besonderen Problemen
- Potentielle Störquelle: Fehler im Verhalten bzw. von Dritten

1.6 Auswertung der Daten und Unterrichtsbericht

- Im Anhang die Vorgaben des Planungsberichts
- Hypothesenprüfende Untersuchung: Statistische Signifikanztest

Anwendungstipps SPSS: BROSIUS 2012

1.7 Zusammenfassung

- ✓ Forschung als linearer Prozess
- ⇨ Ausgangspunkt: Theoretische Wissensbestände aus der Literatur oder frühere empirisch belegte Zusammenhänge
- ⇨ Hypothesen werden abgeleitet (Überprüfung durch operationalisierte Form)
- ✓ Untersuchungsplanung als Aussagewert der Qualität
- ✓ Saubere Zerlegung komplexerer Zusammenhänge in unterscheidbare Variablen (z.B. Arbeit mit dem Programm SPSS)
- ✓ Am Ende:
  a) Wird Hypothese falsifiziert oder verifiziert
  b) Findet die Repräsentativität der gewonnenen Ergebnisse statt (deskriptiv)

1.8 Literaturverzeichnis

BORTZ, J. u. P. BRAUNE (1980): The Effects of Daily Newspapers on their Readers-Exemplary Presentation of a Study and its Results. In: EUROPEAN JOURNAL OF SOCIAL PSYCHOLOGY 10, S. 165-193

BORTZ, J. u. C. SCHUSTER (2010): Statistik für Human- und Sozialwissenschaftler. Lehrbuch mit Online-Materialien. Berlin

BROSIUS, F. (2012): SPSS 20 für Dummies. Weinheim

COOK, T. D. u. D. T. CAMPBELL (1979): Quasi-Experimentation: Design and Analysis Issues for Field Settings. Chicago

DÖRING, N. u. J. BORTZ (2006): Forschungsmethoden und Evaluation. Für Human- und Sozialwissenschaftler. Berlin

HAUBRICH, H. (1977): Situation und Perspektive geographiedidaktischer Forschung. In: HAUBRICH, H. (1977): Quantitative Didaktik der Geographie. Braunschweig, S. 13-35

ISSING, L. J. u. B. ULLRICH (1969): Einfluß eines Verbalisierungstrainings auf die Denkleistung von Kindern. In: ZEITSCHRIFT FÜR ENTWICKLUNGSPSYCHOLOGIE UND PÄDAGOGISCHE PSYCHOLOGIE 1, S. 32-40

JOHANNSEN, M. u. KRÜGER, D. (2005): Schülervorstellung zur Evolution-eine quantitative Studie. In: IDB MÜNSTER (Hrsg.) (2005): Berlin Institut Didaktik Biologie 14, S. 23-48

KROMREY, H. (2006): Empirische Sozialforschung. Stuttgart

PATRY, J. L. (1991): Der Geltungsbereich sozialwissenschaftlicher Aussagen. Das Problem der Situationsspezifität. In: ZEITSCHRIFT FÜR SOZIALPSYCHOLOGIE 22, S. 223-244

THANGA, M. N. (1955): An Experimental Study of Sex Differences in Manual Dexterity. In: J. EDUC. & PSYCHOL 13, S. 77-86

WEBER, S. J., COOK, T. D. u. D. T. CAMPBELL (1971): The Effects of School Integration on the Academic Self-Concept of Public School Children Paper presented at the Meeting of Midwestern Psychological Association. Detroit

2. Qualitativer Forschungsprozess

- Qualitative Forschung beinhaltet ein spezifisches Verständnis des
  Verhältnisses von Gegenstand und Methode (vgl. BECKER 1996, S. 53)
    - ⇨ Keine Erhebung von standardisierten Daten
    - ⇨ Verwendung **hermeneutischer und interpretierbarer** Methoden

Entdeckende Sozialforschung Lehrbuch: KLEINING 1995
Sozialwissenschaftliche Hermeneutik: HITZLER et al. 1997

- Kritisch <u>die eine</u> „Qualitative Forschung" zu definieren
    - ⇨ Betrachtung des Verständnis und des Ablaufs

Fokus auf:
- Erhebung neuer Inhalte oder Widerlegung von Hypothesen, die durch
  eine **Auswahl der untersuchten Subjekte** die Relevanz für das
  Thema erhalten (vgl. FLICK 2007a, S. 124)
    - ⇨ Repräsentativität durch Auswahl
    - ⇨ Verdichtung von Komplexität durch Einbeziehung von Kontext

<u>Gleichschwebende Aufmerksamkeit</u>
Forscher lenken die Aufmerksamkeit auf konkrete Punkte, aber können auch blind für die
Strukturen in untersuchten Feld bzw. Subjekt bleiben!

Vorsicht !

2.1 Forschung als Prozessmodell (= Zirkularität)
- Zirkularität zwingt zur permanenten Reflektion des gesamten
  Forschungsvorgehens und seiner Teilschritte im Licht der anderen
  Schritte
- Phasen der Datenerhebung und -auswertung wechseln sich ab
  (= <u>hermeneutischer Zirkel</u>)

Wechselseitige Abhängigkeit
- Wechselseitige Abhängigkeit der einzelnen Bestandteile des
  Forschungsprozesses ist in stärkeren Maß gegeben bzw. zu
  berücksichtigen (vgl. FLICK 2007a, S. 123)
    - ⇨ **gegenstandsbegründete Theoriebildung**

Vertiefung gegenstandsbegründete Theoriebildung: STRAUSS 1991

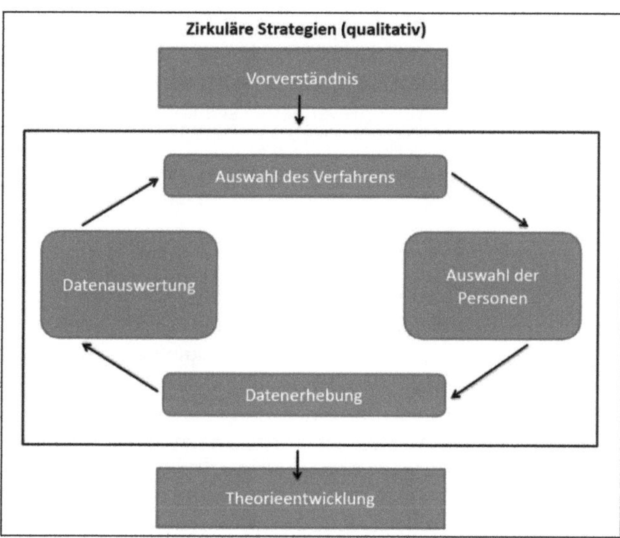

Abbildung 6: Zirkuläre Strategien (Quelle: Eigene Darstellung nach WITT 2001)

2.2 Formulierung der Fragestellung

- Durch das Vorverständnis wird eine deutliche Vorstellung entwickelt
- Fragestellung wird im Kontext des persönlichen Werdegangs erstellt

Aber: Offen bleiben für neue und im besten Fall überraschende Erkenntnisse (= <u>entdeckender Charakter</u>)

- Reduktion und Strukturierung des untersuchten Feldes
  - ⇨ Zu untersuchenden Ausschnitt und Fragestellung festlegen, sodass sie durch zur Verfügung stehende Mittel beantwortet werden kann

Frage so formulieren, dass sie nicht implizit eine Vielzahl von anderen Fragen zugleich aufwirft

- Nicht nur am Anfang, sondern in verschiedenen Phasen des Prozesses:
  - (1) Konzeption des Forschungsdesigns
  - (2) Erschließung des Feldes
  - (3) Auswahl von Fällen
  - (4) Datenerhebung
  - (5) Entscheidung für die Methode(n) der Datenerhebung
  - (6) Konzeption von Interviewleitfäden

Vorsicht ! **Klare Formulierung**, sonst Gefahr der Materialflut

Perspektiven-Triangulation
- Es werden gezielt Forschungsperspektiven und Methoden miteinander kombiniert, die geeignet sind, möglichst unterschiedliche Aspekte eines Problems zu berücksichtigen
  - ⇨ Der Grad an Gegenstandsnähe im Umgang mit Fällen und Feld wird erhöht und neue Erkenntnisräume können sich eröffnen
  - ⇨ Von mindestens zwei Punkten betrachten oder konstituieren

Einführung in Triangulation: FLICK 2007b

2.3 Zugang-Rollenzuschreibung des Forschers
- Einnahme oder Zuweisung einer Rolle ist als Prozess der Aushandlung zwischen Forscher und Beteiligten zu sehen, der verschiedene Phasen durchläuft (vgl. FLICK 2007a, S. 143)
- Differenzierung zw. Zugang bei Institutionen und Personen

Systematik von Rollen der Mitgliedschaft im Feld: ADLER et al 1987, S. 33
Institutionen als Forschungsfeld: WOLFF 2000, S. 419

Ziel qualitativer Forschung

„Will man sich auf eine andere Welt oder Subkultur einlassen, sie zunächst möglichst aus ihren eigenen (handlungsleitenden) Vorstellungen heraus begreifen." (WAHL et al. 1982, S. 77)

2.4 Sampling
- Sampling-Entscheidung = Wen oder welche Gruppe als Nächstes eingebunden wird
- Grundlage für Datenerhebung und Datenanalyse
- Begründete Auswahl der Fälle ergibt sich an unterschiedlichen Stellen

Auswahlentscheidungen im Forschungsprozess	
Bei der Erhebung von Daten:	• Fallauswahl • Fallgruppenauswahl
Bei der Interpretation von Daten	• Auswahl des Materials • Auswahl im Material
Bei der Darstellung von Ergebnissen	• Präsentationsauswahl

Abbildung 7: Auswahlentscheidung im Forschungsprozess (Quelle: FLICK 2007a, S. 155)

- Bei der Stichprobe muss gesichert sein, dass der Fall **facettenreich** erfasst wird (= maximale Variation)

Vertiefung der Themen Auswahlverfahren, Sampling u. Fallkonstruktion: MERKENS 2000

Theoretisches Sampling	Statistisches Sampling
Umfang der Grundgesamtheit ist vorab unbekannt	Umfang der Grundgesamtheit ist bekannt
Merkmale der Grundgesamtheit sind nicht vorab bekannt	Merkmalverteilung in der Grundgesamtheit ist abschätzbar
Mehrmalige Ziehung von Stichprobenelementen nach jeweils neu festzulegenden Kriterien	Einmalige Ziehung einer Stichprobe nach einem vorab festgelegten Plan
Stichprobengröße vorab nicht definiert	Stichprobengröße vorab definiert
Sampling beendet, wenn theoretische Sättigung erreicht ist	Sampling beendet, wenn die gesamte Stichprobe untersucht ist

Abbildung 8: Theoretisches versus statistisches Sampling (Quelle WIEDEMANN 1995, S. 441)

Theoretische Sättigung

„Sättigung heißt, daß keine zusätzlichen Daten mehr gefunden werden können, mit deren Hilfe der Soziologie weitere Eigenschaften der Kategorie entwickeln kann." (GLASER et al. 2010, S. 69)

Vertiefung zu den wesentlichen Merkmalen: WIEDEMANN 1995, S. 441

2.5 Forschungsdesign

Unterscheidung der Basisdesigns

Abbildung 9: Unterscheidung der Basisdesigns (Quelle: Eigene Darstellung nach FLICK 2007a, S. 177ff)

⇨ Vier Bezugspunkte für die richtige Entscheidung

1) Kriterienbezogener Vergleich der Ansätze
2) Auswahl und Überprüfung des Designs
3) Gegenstandsangemessenheit des Ansatzes
4) Einordnung des Ansatzes in den Forschungsprozess

Komponenten der Konstruktion (vgl. FLICK 2007a, S. 177)

a) Zielsetzung der Studie   b) Theoretischer Rahmen
c) Konkrete Fragestellung   d) Auswahl empirischen Materials
e) Methodische Herangehensweise(n) f) Grad an Standardisierung &
g) Generalisierungsziele   Kontrolle
h) Zeitliche, personelle und materielle Ressourcen

⇨ Komponenten werden aus der Konstruktion eines
Forschungsdesigns zusammensetzt und klargestellt

2.6 Datenerhebung und Auswertung

- **Auswahl von bereits existierenden Texten, Bildern u. Filmen**
- **Teilnehmende Beobachtung:** *„Den Standpunkt des Anderen oder
den Sinn des Fremden sowie den Sinn seines Handelns zu verstehen."*
(PFAFFENBACH 2007, S. 157)
- **Qualitative Interviews**
Transkription und die Auswertung (Kodierung, Typisierung und
Interpretation)
a) Leitfadeninterviews
- Halb strukturiert aber offen (Interviewer flexibel)
b) Narrative Interviews (Erzählungen)
c) Problemzentriertes Interview (z.B. qualitative Inhaltsanalyse)
- z.T. softwaregestützt (MaxQDA)
d) Gruppenverfahren
- Ziel: Meinung- und Einstellungserhebung und der Analyse
von Lebenswelten

Transkriptionsregeln: MAYRING 2002, S. 89ff

2.7 Zusammenfassung

- ✓ Forschungsmethode hat den Anspruch, Lebenswelten „von innen
heraus" aus der Sicht der handelnden Menschen zu beschreiben
- ⇨ besseres Verständnis der sozialen Wirklichkeit(en)
- ✓ Sampling wird auf inhaltlich-konkreter Ebene geplant
- ⇨ gezielte Entscheidungen für einen **spezifischen Fall**
- ✓ Erfassen des Subjekts und seine subjektiv konstruierten Welt in
aller Komplexibilität (Daten stets subjektiv und kontextabhängig)
- ✓ Wahl des Design als entscheidender Prozess
- ✓ Weitgehende nicht standardisierte Befragungssituation
- ✓ Erforschung eines konkreteren Bildes aus der Sicht eines
Betroffenen zu einzelnen Sachverhalten
- ✓ **Zirkulärer Ablauf der Methode ist die Stärke der Forschung**
- ⇨ offen bleiben, aber konkrete Vorstellungen besitzen
Prinzip der Offenheit
- ✓ Stets exakte Dokumentation der Vorgehensweise

2.8 Literaturverzeichnis

ADLER, P. A. u. P. ADLER (1987): Membership Roles in Field Research. Beverly Hills

BECKER, H. (1996): The Epistemology of Qualitative Research. In: JESSOR, R., COLBY, A. u. R. A. SHWEDER (1996) (Hrsg.): Ethnography and Human Development. Chicago, S. 53-72

FLICK, U. (2007a): Qualitative Sozialforschung. Eine Einführung. Reinbek

FLICK, U. (2007b): Triangulation - eine Einführung. Wiesbaden

GLASER, B. u. A. STRAUSS (2010): Grounded theory. Strategien qualitativer Forschung. Bern

HITZLER, R. u. A. HONER (1997): Sozialwissenschaftliche Hermeneutik. Eine Einführung. Opladen

KLEINING, G. (1995): Lehrbuch Entdeckende Sozialforschung. Weinheim

MAYRING, P. (2002): Einführung in die Qualitative Sozialforschung. Weinheim

MERKENS, H. (2000): Auswahlverfahren, Sampling, Fallkonstruktion. In: FLICK, U. (Hrsg.) (2000): Qualitative Forschung. Ein Handbuch. Reinbek, S. 286-299

PFAFFENBACH, C. (2007): Methoden qualitativer Feldforschung in der Geographie. In: GEBHARDT, H., GLASER, R., RADTKE, U. u. P. REUBER (Hrsg.) (2007): Geographie. München, S. 157-173

STRAUSS, A. L. (1991): Grundlagen qualitativer Sozialforschung. München

WAHL, K, HONIG, M. S. u. L. GRAVENHORST (1982): Wissenschaftlichkeit und Interessen. Zur Herstellung subjektivitätsorientierter Sozialforschung. Frankfurt

WIEDEMANN, P. (1995): Gegenstandsnahe Theoriebildung. In: FLICK, U. (1995) (Hrsg.): Handbuch qualitative Sozialforschung. Grundlagen, Konzepte, Methoden und Anwendungen. Weinheim, S. 440-445

WITT, H. (2001): Forschungsstrategien bei quantitativer und qualitativer Sozialforschung. Online unter: http://www.qualitative-research.net/index.php/fqs/article/view/969/2114 (abgerufen am 12.02.14)

WOLFF, S. (2000): Wege ins Feld und ihre Varianten. In: U. FLICK (Hrsg.) (2000): Qualitative Forschung. Ein Handbuch. Reinbek, S. 334-349

3. Vergleich der Forschungen

Quantitative Methoden	Qualitative Methoden
Testen von a priori-Hypothesen	Keine a priori-Hypothesen
Datenerhebung standardisiert	Datenerhebung nicht standardisiert (kaum)
Kategorien vorkonstruierte und eingeengte Beantwortungsmöglichkeiten	Nuancenreiche, abgewogene, lebendige, ausführliche Auskunft möglich
Überschaubare, in standardisierten Kategorien geordnete Datenmenge	Kaum strukturierte Datenfülle
Auswertung mit normierten, mathematisch-statistischen Verfahren	Auswertung mit interpretativ- verstehenden Verfahren (subjektive Einflüsse)
Repräsentativität durch Zufallsstichproben und vergleichsweise große „Samples"	Keine Repräsentativität im statistischen Sinn zu erreichen, da nur wenige Einzelfälle intensiv erfasst werden (punktuell)
Geeignet für die Erhebung „harter Daten" und kategorisierbarer Informationen	Geeignet für eine differenziertere Untersuchung des Einzelfalls und seiner Besonderheiten, detaillierte Auskünfte über Meinungen, Einstellungen etc.
„Schematisierung"	**„Individualisierung"**
Dokumentation der Ergebnisse weniger problematisch	Dokumentation der Daten problematisch (zum Teil unmöglich)
Gütekriterium der intersubjektiven Überprüfbarkeit	**Gütekriterium der „Nachvollziehbarkeit"**

Abbildung 10: Vergleich der Forschung (Quelle: Eigene Tabelle nach REUBER et al. 2009, S. 35)

Varianten Mixed methods

Abbildung 11: Mixed methods (Quelle: Eigene Darstellung nach HUSSEY et. al 2013, S. 292)

Literaturverzeichnis

HUSSEY, W., SCHREIER, M. u. G. ECHTERHOFF (2013): Forschungsmethoden in Psychologie und Sozialwissenschaften für Bachelor. Heidelberg

REUBER, R. u. C. PFAFFENBACH (2005): Methoden der empirischen Humangeographie. Beobachtung und Befragung. Braunschweig

1. Themenauswahl

- Ratschläge nach DÖRING et al. 2006, S. 27

Ideensammlung:
Geographie - Erdkundeunterricht - Schülervorstellung - Wüsten,
Desertifikation - Lage, Verortung - Wüstenentstehung - Sek I
⇨ Schülervorstellungen im physio- und naturwissenschaftlichen Bereich

2. Bewertung der Untersuchungsidee

Wissenschaftliche und untersuchungstechnische Kriterien
Präzision:
✓ Gezielt auf den Bereich der Schülervorstellung im
  Geographieunterricht zum Thema Wüste (Entstehung u. Lage);
  Zielgruppe Schüler und Schülerinnen
  ⇨ Klar definiert
Empirische Untersuchbarkeit:
✓ Angemessener Arbeitsaufwand
  ⇨ Empirisch überprüfbar
Wissenschaftliche Tragweite:
✓ Praktische Bedeutsamkeit (= zentrale Inhalte in Geographie
  Lehrplänen)
✓ Desertifikation als ein Umweltproblem des 21.Jahrhunderts
✓ Relevanz aufgrund der Verankerung der geographischen Bildung in
  der Gesellschaft und der Institution Schule
✓ Für die Erstellung von Materialien und Schulbuchkonstruktion
✓ Grundlage um effektive Lernangebote zu schaffen und
  Unterrichtskonzeptionen im jeweiligen Inhaltsbereich zu verbessern

Ethische Kriterien
✓ Kein Betreffen der Privatsphäre des Menschen
✓ Anonymisierung möglich

Ethnischen Richtlinien (DGPs u. BDP 2006, S. 12ff)

3. Anwendung des quantitativen Ansatzes auf die Thematik

3.1 Anspruch der geplanten Untersuchung
  ➢ Anspruch im zeitlichen Rahmen einer Masterarbeit (3 Monate)
    angemessen
  ➢ Inhaltlicher Zweck (Aufwand u. Erfolgsaussicht) ist in Abhängigkeit
    zum Anspruch gegeben

3.2 Literaturstudium

3.2.1 Orientierung

Grundlagenverständnis

Gegenstandsbereich und Erkenntnisinteresse geographiedidaktischer
Forschung

Geographiedidaktik befasst sich „mit der Auswahl, Legitimation und
didaktischen Rekonstruktion von Lerngegenständen, der Festlegung und
Begründung von Zielen, der methodischen Strukturierung von
Lernprozessen sowie der angemessenen Berücksichtigung der
psychischen und sozialen Ausgangsbedingungen der Lehrenden und
Lernenden" (KVFF 1998, S. 14)

Ziel: Die method.isch-methodologisch normierte und daher intersubjektiv
überprüfbare respektive nachvollziehbare Gewinnung und Begründung
von Erkenntnissen über das institutionalisierte Lehren und Lernen
geographischer Sachverhalte (vgl. KÖCK 1999, S. 53)

    (+) Beitrag zur bestmöglichen Verankerung geographischer Bildung
    in Schule und Gesellschaft leisten (vgl. HEMMER 2012, S. 13)

        ⇨ anwendungsbezogene Forschung (vgl. BIRKENHAUER 1976)

Grundlagen	Konzepte	Evaluation
Erforschung der Grundlagen geographischen Lehrens und Lernens	*Entwicklung von Konzepten geographischen Lehrens und Lernens*	*Evaluation von Konzepten geographischen Lehrens und Lernens*
Zum Beispiel: Ermittlung von Schüler-interessen und Schüler-vorstellungen, Delphi-studien zur Relevanz geographischer Kennt-nisse und Fähigkeiten, Stu-dien zur Einsatzhäufigkeit ausgewählter Medien und Methoden im Geographie-unterricht, Schulbuch-analysen	Zum Beispiel: Konzepte zur Förderung des systemischen Denkens im Geographieunterricht, zur naturwissenschaft-lichen Grundbildung und zum Globalen Lernen, Modellierung fachspezi-fischer Wissensstrukturen in Kompetenzmodellen	Zum Beispiel: Interventionsstudien zur Überprüfung der Effektivität verschiedener exkursions-didaktischer Konzepte, zur Ermittlung des Einflusses unterschiedlicher Trainings-programme auf den Lern-erfolg und die Motivation
vorrangig empirische Methoden, quantitativ und qualitativ	**vorrangig hermeneutisch-normative Methoden**	**vorrangig experimentell-empirische Methoden**

Abbildung 12: Formate geographiedidaktischer Forschung (Quelle: HEMMER 2012, S. 14)

Keine einheitliche, allgemeinverbindliche Klassifikation der
geographischen Forschung möglich!

Lehrplaneinordnung NRW (s. Abb. 17 im Anhang)
Wüste
>   7-9 Klasse; Leben und Wirtschaften in verschiedenen
>   Landschaftszonen-Nutzungswandel in Trockenräumen und damit
>   verbundene Folgen

Desertifikation
>   7-9 Klasse; Bedrohung von Lebensräumen durch unsachgemäße
>   Eingriffe des Menschen in den Naturhaushalt:
>   Bodenerosionen/Desertifikation, globale Erwärmung,
>   Überschwemmungen

⇨ Wissenschaftliche Relevanz für die Praxis gegeben!

Orientierungshilfen

1) Dissertationen und Habilitationen auf der Homepage des
   Hochschulverbands für Geographie und ihre Didaktik

⇨ http://compute.ku-eichstaett.de/hgd/dissertationen_und_habilitationen

2) Internationale Zeitschriften
   - Überblick: Tagungsverbände der Commission on Geographical
     Education (www.igu-cge.org)
   - International Research in Geographical and Enviromental
     Education
   - European Journal of Geography
   - [...]

3) Nationale Zeitschriften
   - Geographische Rundschau
   - Geographie heute
   - Praxis Geographie
   - [...]

⇨ http://www.geodok.uni-erlangen.de/
⇨ http://www.ph-ludwigsburg.de/llbg.html
⇨ http://scholar.google.de/

4) Bibliographie zur Didaktik der Geographie (HAUBRICH 2011)
⇨ http://compute.ku-eichstaett.de/hgd/online-bibliographie

5) Schulbücher, Lehrplan, Bildungsstandards
   - Mensch und Raum (Verlag Cornelsen)
   - Terra Erkunde (Verlag Klett)
   - Diercke Geographie (Verlag Diercke)
   - [...]

⇨ http://www.geographie.de/docs/geographie_bildungsstandards.pdf
⇨ http://www.standardsicherung.schulministerium.nrw.de/lehrplaene/uplo
   ad/lehrplaene_download/gymnasium_g8/gym8_erdkunde.pdf

6) Schriftreihen

- Geographiedidaktische Forschungen
- Münsteraner Arbeiten zur Geographiedidaktik
- Praxis Neue Kulturgeographie
- Fachdidaktische Forschungen
- [...]

Grundlagen: Didaktische Rekonstruktion und Konzeptwechsel
- Modell der Didaktischen Rekonstruktion: KATTMANN et al 1997, S. 3-18
- Didaktische Rekonstruktion-praktische Theorie: KATTMANN 2007
- Didaktische Rekonstruktion als Forschungsrahmen: LETHMATE 2007
- Grundlagen der pädagogischen Psychologie: BECK et al. 2006
- Die Kluft zwischen Wissen und Handeln: MANDL u. GERSTEMAIER 2000
- Wissensaufbau aktiv gestalten: MANDL 2006, S. 28-30
- Konzeptwechsel und Lernen: DUIT 2000, S. 77-103
- Conceptual Change: SCHNOTZ 2006, S. 77-82
- Conceptual Change: DUIT et al. 2003, S. 671-688
- Conceptual Change: BERKHEIMER et al. 1992
- [...]

Grundlagen Wüste:
- Desertifikation Afrika: BAUMHAUER 2011
- Bodenerosion und Desertifikation: BORK et al. 2008
- Ursachen und Folgen Desertifikation: DITTER 2009
- Wüste heute: HAUBRICH 2006
- Desertifikation im Unterricht: NAUMANN et al. 2009
- Wüste ist nicht gleich Wüste: SIX 2001
- Desertifikation-globale Herausforderung: SÖRENSEN 2009
- Entstehung von Wüstentypen: FRAEDRICH 2006
- Abb. 15 Wüstentypen Anhang
- [...]

Schülervorstellungen-Allgemein
- Alltagsvorstellungen: REINFRIED 2007, S. 19-28
- Schülervorstellungen: DUIT 2008, S. 2-7
- Vorstellungen von Lernern verstehen: GROPENGIEßER 2006
- [...]

3.2.2 Vertiefung

Vorstellungen zu Wüsten
- Schülervorstellungen zu Wüsten und Desertifikation
  Interviewleitfaden | N = 13 | Klasse 7
  (SCHUBERT 2012)

- Wüste assoziiert mit Sand, Hitze/Sonne und Kamelen
  Assoziationstechnik | N = 134 | Klassen 3 - 5 - 7
  (ADAMINA 2008)
- Sandwüste mit Dünen > „Sahara-Stereotyp"
  Assoziationstechnik, Ranking von Fotos | N = 70 | Ba-Studierende
  (DOVE 1999)
- Warme Trockenwüste geprägt von Sand und Dünen, Wüstenklima wird
  in Ansätzen beschrieben, nicht erklärt
  Fragebogen mit offenen Fragen | N = 93 | Klassen 6 und 9
  (HOLECZEK 2006)
- Oase als kleiner See mit Palmen inmitten der Wüste
  Fragebogen, Zeichnungen | N = 32 | Klasse 6
  (LANG 2007)

Schülervorstellungen zu anderen Themenbereichen:
- Schülervorstellungen zentrale Aspekte Geographie: BETTE 2011
- Schülervorstellungen Klimawandel: SCHULER 2010
- Schülervorstellungen Regenwald: BLÖMER 2013
- Schülervorstellungen Entstehung des menschlichen Lebens: RUTKE
  2006
- Schülervorstellungen Grundwasser: REINFRIED 2006
- Schülervorstellungen Boden als Puffer: BONEKAMP 2006
- Schülervorstellung Klimazone: LEUFKE 2010
- Schülervorstellung zur eisigen Welt der Polargebiete: CONRAD 2012
- Schülervorstellungen zu Prozessen der Anpassung: BAALMANN et al.
  2004
- Schülervorstellung Raum-, Zeit- und Geschichtsthemen: ADAMINA 2008
- Schülervorstellungen Physik: DUIT 2006
- Schülervorstellungen Evolution: JOHANNSEN et al. 2005
- Schülerperspektiven Meteoriteneinschläge: MÜLLER 2009
- [...]

3.3 Wahl der Untersuchungsart
Welche Untersuchungsart der **3 Varianten** wird gewählt?

➢ **Entscheidung für hypothesenprüfende** (explanative) **Untersuchung !**
  - Sequenzielles Vorgehen
  - Orientiert am **Stand der Forschung** ist durch qualitative Forschung
    eine ausreichende Informationsquelle über das Thema
    „Schülervorstellungen zu Wüsten" (Lage und Entstehung)
    vorhanden
  ⇨ **Theoretische Sättigung** erreicht
  ⇨ Statistische Verteilung der bisher erfassten Schülervorstellungen
    vorhanden

- Quantitative Arbeiten können auf dem Hintergrund der Arbeit von SCHUBERT 2012 erarbeiteten qualitativen Kategorien angeschlossen werden
  ⇨ Quantitative Verfahren setzen das Vorhandensein qualitativer Kategorien voraus

> _Quantitative Methode_ als Untersuchungsart!

Gültigkeit der Untersuchungsbefunde
- Es gelingt nur selten, beide Gültigkeitskriterien in einer Untersuchung perfekt zu erfüllen
  ⇨ Wechselwirkung der internen und externen Validität

> Ziel ist eine Kompromisslösung

Experimentelle oder quasiexperimentelle Labor- oder Felduntersuchung?

- Erhebung im Rahmen der Institution Schule und Befragung von Schüler und Schülerinnen (Schulklasse)

> **Quasiexperimentelle Felduntersuchung**

Quasiexperimentellen Untersuchungen lassen mehr Erklärungsalternativen zu als die Ergebnisse reiner experimenteller Untersuchungen, d. h. sie haben eine geringere interne Validität als experimentelle Untersuchungen (DÖRING et al. 2006, S. 526)

Vorsicht !

Kontrolle der Störvariablen
- Konstanthalten
  ⇨ Gleiche Klassestufe z.B. 9 Klasse (alle Schüler habe das Thema Wüste behandelt)
- Parallelisierung
  ⇨ Vergleichsgruppe schaffen (nicht durchführbar, zu hoher Aufwand)
- Matched Samples
  ⇨ Stichprobe größer als 20 Personen und nicht durchführbar
- Mehrfaktorielle Pläne
  ⇨ Nicht durchführbar
- Kovarianzanalytische Kontrolle
  ⇨ Wird nicht angewendet

> **Interne Validität sichern!**

Spezielle Technik der Kovarianzanalytische Kontrolle: MCCAFFREY et al. 2004

Thema der Untersuchung
- <u>Vorläufige</u> Festlegung des Arbeitstitels
- ⇨ Überprüfung spezieller theoretisch begründeter Hypothesen oder
  Forschungsfragen

Arbeitstitel

Die Schülervorstellungen von Wüsten und die Kenntnisse der
Wüstenentstehung in der Sekundarstufe I
- eine quasiexperimentelle Felduntersuchung
- ⇨ Später neuformulieren?

Begriffsdefinitionen und Operationalisierung
 ✓ Begriffliche Präzision der Variablenbezeichnung
Überbrückungsproblem (nach STEYER und EID 1993, S. 3)
- • Begriffe mit messbaren Variablen verknüpfen
<u>Real- und Nominaldefinitionen</u>
- • Vorstellungen; Schülervorstellung; Lage; Wüste;
  Wüstenentstehung; Sekundarstufe; Quasiexperimentelle
  Felduntersuchung

Vorstellungen und Schülervorstellungen: SCHUBERT 2012
Wüsten der Erde: RAUSCH et al. 2006, S. 140
Quasiexperimentelle Felduntersuchung: DÖRING et al. 2006. S. 57f

Messtheoretische Kenntnisse: NIEDEREE et al. 1996 u. STEYER 2003

Skalen:
- Es bieten sich bei einer Quantifizierung mehrere Skalenarten an
- Es sollte diejenige mit dem **höchsten Skalenniveau ausgesucht
  werden**

Welche Merkmale werden auf welchem Skalenniveau gemessen?

- <u>Man verzichtet auf die Überprüfbarkeit der jeweiligen
  Skalenaxiomatik!</u>
- ⇨ Per-fiat-Messungen (Messungen durch Vertrauen)
- ⇨ Intervallskala, die erheblich differenzierte Auswertungen ermöglicht
- ➤ Werden bei der Erstellung des Fragebogens berücksichtigt!

Auswahl der Untersuchungsobjekte
- ✓ Art = Schüler und Schülerinnen
  Sekundarstufe 1
  Raum: NRW
  Schulform: Gesamtschulen/Gymnasium
- ✓ Größe = Unspezifische Hypothese/ keine Angabe
  - o Grundsätzliche Haltung: Genügend anfragen!
- ✓ Anwerbung = Individuell ansprechen, Vorhaben erläutern
  - o In schriftlicher oder mündlicher Form Schulen, Lehrer und Direktoren ansprechen
  - o Kooperation mit der Universität erwähnen (Vertrauen an der wissenschaftlichen Anwendung stärken)
- ✓ Verweigerungsteilnehmer bei der Untersuchung beachten

Anwerbung: HAGER et al. 2001, S. 38ff
Verweigerung von Schülern: SPIEL 1988

Planung der Durchführung und Auswertung
- Fragebögen erstellen (z.B. mit Einbau Abb.16 im Anhang)
- Fragebögen aus anderen Studien modifizieren!
  (siehe quantitative Studien zu Schülervorstellungen)
- Antwortformate/ Itemformulierung

Beispiel einer empirische Forschung: HEMMER u. HEMMER 2012
Fragebogenkonstruktion: BÜHNER 2011
Testtheorie und Fragebogenkonstruktion: MOOSBRUGGER 2012
Itemformulierung: MOOSBRUGGER 2012, S. 64ff
Aufgabentypen für die Itemkonstruktion: MOOSBRUGGER 2012, S. 39
Schriftliche Befragung: MAYER 2013
Mündliche und schriftliche Befragung: KONRAD 2007

- SPSS (Computergestützte Datenanalyse einlesen und üben !)
- Überblick über die statistischen Instrumentariums verschaffen

<u>Nach der Datenerhebung steht die Datenqualität fest !</u>

Planung des Berichts
- Hilfe zur Gliederung eines Forschungsberichtes

Forschungsbericht: DÖRING et. al. 2006, S. 86ff
Abschlussarbeit: KRAAS et al. 2000

3.4 Theoretischer Teil der Arbeit

- Endgültige Hypothesenformulierung steht nach der Planung an!
- Hypothese vor der Durchführung formulieren
    - ⇨ Garant für die Unabhängigkeit von Hypothesenformulierung und Hypothesenprüfung
    - ⇨ Linearer Prozess (= Keine Veränderung der Hypothese)

Problemaufriss

- Wieso ist diese Thematik wichtig zu erforschen?
  (siehe 2. Bewertung der Untersuchungsidee)

Literaturbericht

- Literatur (siehe 3.2 Literaturstudium) kommentierend zusammenfassen
- Hinweise zur Methodik formulieren (Begründung der Planung)
- Stand der Theoriebildung (Anknüpfen an aktuellen Forschungsstand)
- Hypothesenbildung

Die Theorie

<u>Didaktische Rekonstruktion</u>

- Zielt auf eine Optimierung des Lehrens und Lernens fachlicher Inhalte ab (vgl. KATTMANN et al. 1998, S. 3)
- Berücksichtigt die Lernervorstellungen und stimmt die Unterrichtsgestaltung in einem iterativ-rekursiven Verfahren mit den fachlichen Vorstellungen ab (vgl. KATTMANN et al. 1997)
- Vorstellungen der Lerner werden jeweils als persönliche Konstrukte der jeweiligen Personen oder Personengruppen aufgefasst (vgl. KATTMANN et al. 1998, S. 3)
- Leistung des Modells besteht darin, Schülervorstellungen und fachlich geklärte wissenschaftliche Aussagen gleichwertig für die didaktische Rekonstruktion von Unterrichtsinhalten zu nutzen (vgl. KATTMANN et a. 1996, S. 180)

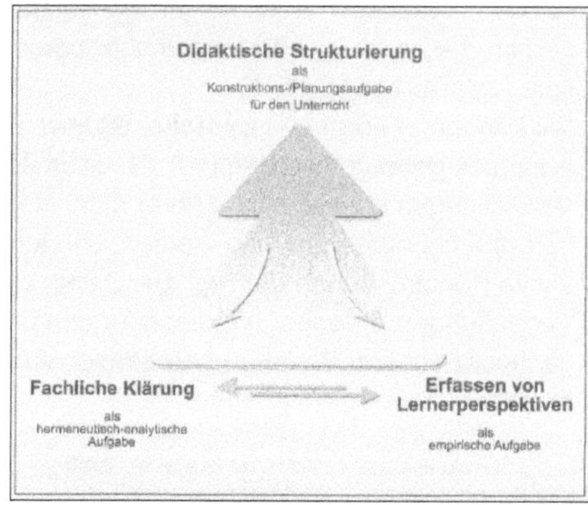

Abbildung 13: Didaktische Rekonstruktion (Quelle: LETHMATE 2007, S. 56 nach KATTMANN 1997)

⇨ Bei der fachlichen Klärung um eine hermeneutisch-analytische, bei der Erfassung der Schülervorstellungen um eine empirische und bei der didaktischen Strukturierung um eine konstruktive Untersuchungsaufgabe

Didaktische Rekonstruktion als Metatheorie (KATTMANN 2007, S. 97)
1) Konstruktivistische Lehr- und Lerntheorien
    RIEMEIER (2007); TERHART (1999); GERSTENMEIER et al. (1995)
2) Modifizierte Theorien zur Vorstellungsbildung und -änderung (»Conceptual Change«)
    SCHNOTZ (2006); KRÜGER (2007)
3) Die Theorie des Erfahrungsbasierten Verstehens
    GROPENGIEßER (2007)

Moderater Konstruktivismus:

- „ [...] Wissenserwerb wird als aktive Konstruktion auf der Grundlage des Vorwissens, der existierenden Vorstellungen und der Überzeugungen des Lerners verstanden" (JOHANNSEN et al. 2005, S. 26)
- Zentrum dieses Verständnisses steht der Lerner, der sich sein Wissen in einem aktiven und selbst gesteuerten Prozess konstruiert (vgl. GERSTENMAIER et al. 1995)

Conceptual-Change-Theorie

- Beschäftigt sich mit der Frage, unter welchen Bedingungen Vorstellungen verändert, umorganisiert oder weiterentwickelt werden

⇨ Vorstellungen können nicht einfach ersetzt werden

- Bedingungen nach STRIKE u. POSNER 1992
    a) Unzufriedenheit   b) Verständlichkeit
    c) Plausibilität   d) Fruchtbarkeit

(Schüler-)Vorstellungen

- Als Lernvoraussetzungen stellen sie Ausgangspunkte für das Lernen dar, zugleich können sie aber potenzielle Lernhindernisse sein (vgl. DUIT 2010, S. 1)
- Sie können in Form von Sprache, Bildern, Darstellungen usw. zum Ausdruck gebracht werden (vgl. ADAMINA 2008, S. 31)
- Vorstellungen können vom Lehrer nicht weitergegeben und vom Lerner nicht aufgenommen werden, sondern stellen individuelle, aktive Konstruktionen dar (vgl. BAALMANN et al. 2004)
- Vorstellungen erheben, um diese für den Lerner auf nachvollziehbarer Weise auf wissenschaftliche Anschauungen zu beziehen

Moderater Konstruktivismus: GERSTENMAIER et al. 1995
Didaktische Rekonstruktion: KATTMANN et al. 1997
Vorstellungen: DUIT 2010 und GROPENGIEßER 2006, S. 182 ff

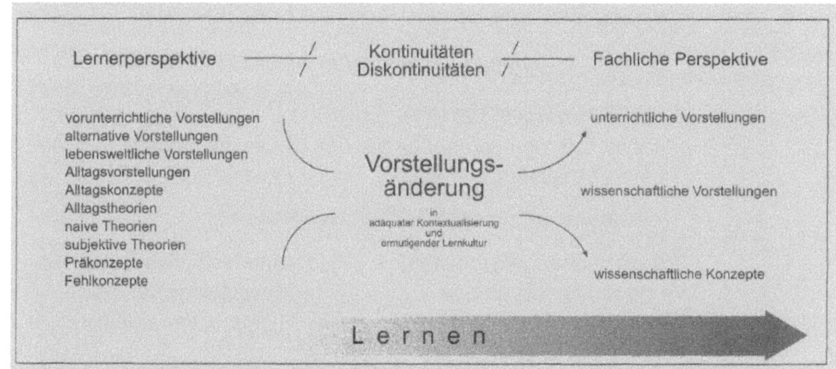

Abbildung 14: Lernen als Vorstellungsänderung (Quelle LETHMATE 2007, S. 55)

<u>Lage von Wüsten-Ergebnisse SCHUBERT 2012</u>

- Wüsten in Afrika, jedoch nicht in Europa
- In heißen Gebieten
- In der Nähe des Äquators
- Im Süden bzw. auf der Südhalbkugel
- In trockenen Gebieten
- Im Landesinneren bzw. nicht am Meer
- In unbebauten Gebieten
- An Stellen, an denen Winde zusammentreffen
- Nicht an Flüssen, nicht in den Bergen
- Nicht dort, wo kein Sand ist

⇨ Kaum umfangreiche Vorkenntnisse der Schüler oder die Anwendung eines (zonalen) Ordnungsrasters

⇨ Schüler wenden ihre Vorstellungen zu Charakteristika von Wüste in Form von Hitze, Trockenheit, Sand und Leere auf die räumliche Verbreitung an (= „Sahara-Stereotyp")

<u>Wüstenentstehung-Ergebnisse SCHUBERT 2012</u>

- Wüsten entstehen aus dem Sand des Meeres
  - Wüsten entstehen durch Austrocknen des Meeres
  - Wüsten entstehen durch das Meer, welches Sand anspült
- Wind weht Sand zu Wüsten zusammen
- Bei Hitze und Trockenheit bildet sich Sand und an dieser Stelle entsteht eine Wüste
- Wüsten waren schon immer da

Unspezifische Hypothese oder spezifische Hypothese?

- Abhängig, ob die Effektgröße (Mindestgröße) bekannt ist

Beachtung der Teststärke durch Einflussgrößen:

a) Signifikanzniveau

b) Effektgröße

c) Stichprobenumfang

 Festlegung von Effektgrößen und Stichprobenumfang: KLINE 2004

- Genügend Erfahrungen mit der Untersuchungsthematik
- Typischen Untersuchungsinstrumente liegen vor
  (z.B. ADAMINA 2008, HOLECZEK 2006, JOHANNSEN et al. 2005)
- ➢ Aber: Erwartungen der Größe des Unterschieds oder der Höhe des Zusammenhangs ist offen

➢ **Tendenz zur unspezifischen Hypothese !**

Zusammenhangshypothese?	Unterschiedshypothese?
Veränderungshypothese	Einzelfallhypothese?

➢ Beantwortung erst bei der genauen Hypothesenbildung!

Bei Überlegungen lassen sich folgende Fragen ableiten:
1) Welchen Zusammenhang zwischen Kenntnisse der Wüstenentstehung bzw. unterschiedlichen Wüstentypen und der richtigen Zuordnung von der Lage gibt es bei Schülern?
2) Haben Schüler, die eher fachlich korrektes Wissen besitzen, deshalb korrektere Vorstellungen über die richtige Verortung?

➢ **Tendenz zur Zusammenhangshypothese**

Hypothesenentwurf
Schüler und Schülerinnen, die Kenntnisse über die Wüstenentstehung aufweisen, besitzen fachlich korrekte Vorstellungen zur Lage von Wüsten.

Merkmale einhalten!
- ✓ Präzise und widerspruchsfreie Formulierung
  - ➢ Zusammenhangs-, Kausal- bzw. quasiuniverselle Hypothese
- ✓ Prinzipielle Widerlegbarkeit
  - ➢ Hypothese ist widerspruchsfrei!
- ✓ Operationaliserbarkeit
  - ➢ Schülervorstellungen (klarer wissenschaftlicher Begriff)
  - ➢ Fachlich korrekt (wissenschaftliche Verortung von Wüsten)
  - ➢ Ausreichende Kenntnisse (= anhand von Parametern in der Erhebung festgelegt)
- ✓ Begründbarkeit
  - ➢ Stand der Forschung spiegelt die Begründbarkeit wieder

 Hypothesenformulierung: HUSSY et al. 2013, S. 30ff
Generierung kreativer Forschungshypothesen: MCGUIRE 1997

Hypothese
Schüler und Schülerinnen der Sekundarstufe I, die ausreichende
Kenntnisse über die Wüstenentstehung aufweisen, besitzen fachlich
korrekte Alltagsvorstellungen zur Lage von Wüsten.

Potentielle Störvariablen
- Verhalten von Versuchsleiter, Interviewer oder Testinstrukteure
  ⇨ Versuchsleiterartefakte

Auflistung der Störvariablen: BUNGARD 1980

➢ **Lösung: Standardisierung der Unterrichtsbedingungen**
- Einfluss in gleicher Weise durchführen
- Helfern durchführen, die die Hypothese nicht wissen
  ⇨ In unserem Fall die Lehrer nutzen!
- Instruktion möglichst standardisiert
  ⇨ Schriftlich formulieren (Bei Verständnisschwierigkeiten
     individuell lösen)
- Unerwartete Vorkommnisse protokollieren
- Vortest

4. Auswertung der Daten

Grundsätzliches Ziel:
- Mit erhobenen Daten werden statistische Signifikanztests
  durchgeführt (z.B. SPPS)
  ⇨ Hypothese wird bestätigt oder abgelehnt
- Inhaltliche Interpretation durch Theoriebezug
- Signifikante Ergebnisse werden herangezogen

Eingabefehler überprüfen und Datensatz von möglichen Fehlern befreien!
(z.B. Frequencybefehl benutzen)

Umgang mit den Daten
1) Deskriptive Stichprobendarstellung
2) Hypothesentests

Abschluss
- Zusammenfassung
- (Mögliche) Ergebnisse präsentieren

5. Anfertigung des Untersuchungsberichtes
- Im Fließtext und gemäß strukturierter Gliederung niederschreiben

6. Literaturverzeichnis

ADAMINA, M. (2008): Vorstellungen von Schülerinnen und Schülern zu raum-, zeit- und geschichtsbezogenen Themen. Eine explorative Studie in Klassen des 1., 3., 5. und 7. Schuljahres im Kanton Bern. Münster

BAALMANN, W., FRERICHS, V., WEITZEL, H., GROPENGIEßER, H. u. U. KATTMANN (2004): Schülervorstellungen zu Prozessen der Anpassung-Ergebnisse einer Interviewstudie im Rahmen der Didaktischen Rekonstruktion. In: ZEITSCHRIFT FÜR DIDAKTIK DER NATURWISSENSCHAFTEN, H. 10, S. 7-28

BAUMHAUER, R. (2011): Desertifikation: Risikoraum Afrika. In: GLASER, R., KREMB, K. u. A. W. DRESCHER (Hrsg.) (2011): Afrika. Darmstadt, S. 47-55

BECK, K. u. A. KRAPP (2006): Wissenschaftstheoretische Grundlagen der Pädagogischen Psychologie. In: KRAPP, A. u. B. WEIDENMANN (Hrsg.) (2006): Pädagogische Psychologie. Ein Lehrbuch. Weinheim, Basel, S. 33-73

BERKHEIMER, G. D., ANDERSON, C. W., u. E. L. SMITH (1992): Unit Planning for Conceptual Change. Science Education in Michigan Schools Project. Marquette

BETTE, J. (2011): Schülervorstellungen und fachliche Vorstellungen zur Geographie und ihren zentralen Konzepten. Eine empirische und hermeneutische Untersuchung. Münster

BIRKENHAUER, J. (1976): Zum Freiburger Symposium: Quantitative Didaktik der Geographie. In: GEOGRAPHIE UND IHRE DIDAKTIK 4, S. 90-91

BIRKENHAUER, J. (1988): Aufgaben der Geographiedidaktik. In: PRAXIS GEOGRAPHIE 18, H. 7-8, S. 6-9

BLÖMER, A. (2013): Schülervorstellungen zum tropischen Regenwald. Eine empirische Studie zu einem zentralen Thema des Geographieunterrichts. Münster

BONEKAMP, M. (2006): Boden als Puffer. Fachliche Vorstellungen und Schülervorstellungen zu einer zentralen Bodenfunktion. Oldenburg

BORK, H. u. B. EITEL (2008): Bodenerosion und Desertifikation. In: FELGENTREFF, C. u. T. GLADE (Hrsg.) (2008): Naturrisiken und Sozialkatastrophen. Heidelberg, S. 191-200

BRINKENHAUER, J. (1974): Aufgaben und Stand fachdidaktischer Forschung. In: KREUZER, G., BAUER, K. u. W. HAUSMANN (Hrsg.) (1974): Didaktik der Geographie in der Universität. München, 96-119

BÜHNER, M. (2011): Einführung in die Test- und Fragebogenkonstruktion. München

BUNGARD, W. (1980): Die »gute« Versuchsperson denkt nicht. Artefakte in der Sozialpsychologie. München

CONRAD, D. (2012): Schülervorstellungen zur eisigen Welt der Polargebiete. Ergebnisse einer explorativ angelegten Studie. In: GEOGRAPHIE UND IHRE DIDAKTIK 40, H. 3, S. 105-127

DITTER, R. (2009): Ursachen und Folgen der Desertifikation. Das Beispiel Mali. In: PRAXIS GEOGRAPHIE 39, H. 6, S. 14-19

DGPs u. BDP (2005): Ethische Richtlinien. Der Deutschen Gesellschaft für Psychologie e. V. und des Berufsverbandes Deutscher Psychologinnen und Psychologen e. V. Bonn. Online unter: http://www.bdp-verband.org/bdp/verband/clips/BDP_Ethische_Richtlinien_2005.pdf (abgerufen am 10.02.14)

DÖRING, N. u. J. BORTZ (2006): Forschungsmethoden und Evaluation für Human- und Sozialwissenschaftler. Heidelberg

DOVE, J. (1999): Theory into Practice - Immaculate Misconceptions. Sheffield

DUIT, R. (1996): Lernen als Konzeptwechsel im naturwissenschaftlichen Unterricht. In: DUIT, R. (Hrsg.) (1996): Lernen in den Naturwissenschaften. Beiträge zu einem Workshop an der Pädagogischen Hochschule Ludwigsburg. Kiel

DUIT, R. (2000): Konzeptwechsel und Lernen in Naturwissenschaften in einem mehrperspektivischen Ansatz. In: DUIT, R. u. C. RHÖNECK (Hrsg.) (2000): Ergebnisse fachdidaktischer und psychologischer Lehr-Lern-Forschung. Institut für die Pädagogik der Naturwissenschaften an der Universität Kiel. Nr. 169. S. 77-103

DUIT, R. u. D. F. TREAGUST (2003): Conceptual Change: a powerful framework for improving science teaching and learning. In: INTERNATIONAL JOURNAL OF SCIENE EDUCATION 25, H. 6, S. 671-688

DUIT, R. (2006): Schülervorstellungen und Lernen von Physik - Forschungsergebnisse und die Realität der Unterrichtspraxis. In: GIRWIDZ, R, GLÄSER-ZIKUDA, M, LAUKENMANN, M. u. T. RUBITZKO (Hrsg.) (2006): Lernen im Physikunterricht. Festschrift für Prof. Dr. Christoph von Rhöneck. Hamburg, S. 13-22

DUIT, R. (2008): Zur Rolle von Schülervorstellungen im Unterricht. In: GEOGRAPHIE HEUTE 29, H. 265, S. 2-7

DUIT, R. (2010): Schülervorstellungen und Lernen von Physik. In: PIKO-Brief. Der Fachdidaktische Forschungsstand kurzgefasst. Online unter: http://www.ipn.uni-kiel.de/projekte/piko/pikobriefe032010.pdf (abgerufen am 20.01.14)

FRAEDRICH, W. (2006): Passat-, Binnen- und Küstenwüsten. Ein Gruppenpuzzle zur Entstehung verschiedener Wüstentypen. In: GEOGRAPHIE HEUTE 27, H. 237, S. 6-13

GERSTENMEIER, J. u. H. MANDL (1995): Wissenserwerb unter konstruktivistischer Perspektive. In: ZEITSCHRIFT FÜR PÄDAGOGIK 41, H. 6, S. 867-888

GROPENGIEßER, H. (2006): Lebenswelten. Denkwelten. Sprechwelten. Wie man Vorstellungen der Lerner verstehen kann. Oldenburg

GROPENGIEßER, H. (2007): Theorie des Erfahrungsbasierten Verstehens. In: KRÜGER, D. u. H. VOGT (Hrsg.) (2007): Theorien in der biologiedidaktischen Forschung. Ein Handbuch für Lehramtsstudenten und Doktoranden. Berlin, S. 105-116

HAGER, W., SPIES, K. u. E. HEISE (2001): Versuchsdurchführung und Versuchsbericht. Ein Leitfaden. Göttingen

HAUBRICH, H. (2006): Wüsten heute. Zur geographiedidaktischen Relevanz der Trockenräume. In: GEOGRAPHIE HEUTE 27, S. 2-5

HAUBRICH H, (2013): Bibliografie zur Didaktik der Geographie 2013. Online unter: http://compute.ku-eichstaett.de/hgd/images/content/pdf/Biblio_Didaktik_2013.pdf (abgerufen am 20.02.14)

HEMMER, M. u. I. HEMMER (Hrsg.) (2010): Schülerinteresse an Themen, Regionen und Arbeitsweisen des Geographieunterrichts. Ergebnisse der empirischen Forschung und deren Konsequenzen für die Unterrichtspraxis. Weingarten

HEMMER, M. (2012): Die Geographiedidaktik-eine forschende Disziplin. In: HAVERSATH (Hrsg.) (2012): Geographiedidaktik. Theorie-Themen-Forschung. Braunschweig

HOLECZEK, M. (2006): Schülervorstellungen zum Thema Wüstenklima im Rahmen des Modells der Didaktischen Rekonstruktion. (unveröffentlichte Wissenschaftliche Hausarbeit zur Ersten Staatsprüfung für das Lehramt an Realschulen nach der RPO I v. 16.12.1999). Ludwigsburg

HUSSY W., SCHREIER, M. u. G. ECHTERHOFF (2013): Forschungsmethoden. Heidelberg

JOHANNSEN, M. u. D. KRÜGER (2005): Schülervorstellung zur Evolution – eine quantitative Studie. In: IDB MÜNSTER (Hrsg.) (2005): Berlin Institut Didaktik Biologie 14, S. 23-48

KATTMANN, U. u. H. GROPENGIEßER (1996): Modellierung der Didaktischen Rekonstruktion. In: DUIT, R. u. C. RHÖNECK (Hrsg.) (1996): Lernen in den Naturwissenschaften. Beiträge zu einem Workshop der Pädagogischen Hochschule Ludwigsburg. Kiel, S. 180-204

KATTMANN, U., DUIT, R., GROßENGIEßER, H. u. M. KOMOREK (1997): Das Modell der Didaktischen Rekonstruktion. Ein Rahmen für naturwissenschaftsdidaktische Forschung und Entwicklung. In: ZEITSCHRIFT FÜR DIDAKTIK DER NATURWISSENSCHAFTEN 3, H. 3, S. 3-18

KATTMANN, U. u. H. GROPENGIEßEr (1998): Schulnahe fachdidaktische Lehr-Lernforschung. Das Modell der Didaktischen Rekonstruktion Oldenburg

KATTMANN, U. (2007): Didaktische Rekonstruktion. Eine praktische Theorie. In: KRÜGER, D. u. H. VOGT (Hrsg.) (2007): Theorien in der biologiedidaktischen Forschung. Ein Handbuch für Lehramtsstudenten und Doktoranden. Berlin, S. 93-104

KLINE, R.B. (2004): Beyond significance testing. Washington

KÖCK, H. (1999): Geographiedidaktische Forschung. In: BÖHN, D. (Hrsg.) (1999): Didaktik der Geographie-Begriffe. München. S. 52-53

KONRAD, K. (2007): Mündliche und schriftliche Befragung. Forschung, Statistik und Methoden. Ein Lehrbuch. Landau

KONFERENZ DER VORSITZENDEN FACHDIDAKTISCHEN FACHGESELLSCHAFTEN (KVFF) (1998): Fachdidaktik in Forschung und Lehre. Kiel

KRAAS, F. u. J. STADELBAUER (2000): Fit ins Geographie-Examen. Hilfen für Abschlussarbeit, Klausur und mündliche Prüfung. Wiesbaden

KRÜGER, D. (2007): Die Conceptual Change-Theorie. In: KRÜGER, D. u. H. VOGT (Hrsg.) (2007): Theorien in der biologiedidaktischen Forschung. Ein Handbuch für Doktoranden und Lehramtsstudenten. Berlin, S. 81-92

LANG, K. (2007): Das Modell der didaktischen Rekonstruktion am Beispiel des Themas Oasen und sein Bedeutung für den Fächerverbund EWG an Realschulen (unveröffentlichte Wissenschaftliche Hausarbeit zur Ersten Staatsprüfung für das Lehramt an Realschulen nach der RPO I v. 24.08.2003). Ludwigsburg

LETHMATE, J. (2007): "Didaktische Rekonstruktion" als Forschungsrahmen der Geographiedidaktik. In: GEOGRAPHISCHE RUNDSCHAU 59, H. 7-8, S. 54-59

LEUFKE, S. (2010): Klimazonen im Geographieunterricht-Fachliche Vorstellungen und Schülervorstellungen im Vergleich. Münster

MCCAFFREY, D. F., RIDGEWAY, G. u. A. R. MORRAL (2004): Propensity score estimation with boosted regression for evaluating causal effects in observational studies. In: PSYCHOLOGICAL METHODS 9, S. 403-425

MCGUIRE, W. J. (1997): Creative Hypothesis Generating in Psychology. Some Useful Heuristics. In: ANNUAL REVIEW FOR PSYCHOLOGY 48, 1-30

MANDL, H. u. J. GERSTEMAIER (2000): Die Kluft zwischen Wissen und Handeln. Empirische und theoretische Lösungsansätze. Göttingen

MANDL, H. (2006): Wissensaufbau aktiv gestalten. In: BECKER, G. (Hrsg.) (2006): Lernen. Wie sich Kinder und Jugendliche Wissen und Fähigkeiten aneignen. Seelze, S. 28-30

MAYER, H. (2013): Interview und schriftliche Befragung. Grundlagen und Methoden empirischer Sozialforschung. München

MOOSBRUGGER, H. (2012): Testtheorie und Fragebogenkonstruktion. Mit 41 Tabellen. Berlin

MÜLLLER, M. (2009): Meteoriteneinschläge auf der Erde -Fachliche Konzepte, Schülerperspektiven und didaktische Umsetzung. Eichstätt

NAUMANN, S. u. A. SIEGMUND (2009): Desertifikation im Unterricht- (k)ein trockenes Thema. In: PRAXIS GEOGRAPHIE 39, H. 6, S. 10-12

NIEDERÉE, R. u. R. MAUSFELD (1996): Skalenniveau, Invarianz und »Bedeutsamkeit«. In: ERDFELDER, E. (Hrsg.) (1996): Handbuch Quantitative Methoden. Weinheim, S. 385-398

RAUSCH, C. u. R. RÜTTEN (2006): Terra Geographie für Berlin, Brandenburg, Ausgabe für Hauptschulen, Realschulen, Gesamtschulen und Gymnasien. Arbeitsheft. Gotha. Online unter: http://www2.klett.de/sixcms/media.php/229/27332x-0301.pdf (abgerufen am 20.02.14)

REINFRIED, S. (2006): Alltagsvorstellungen - und wie man sie verändern kann. Das Beispiel Grundwasser. In: GEOGRAPHIE HEUTE 27, H. 244, S. 38-43

REINFRIED, S. (2007): Alltagsvorstellungen und Lernen im Fach Geographie. Zur Bedeutung der konstruktivistischen Lehr-Lern-Theorie am Beispiel des Conceptual Change. In: GEOGRAPHIE UND SCHULE 29, H. 168, S. 19-28

RIEMEIER, T. (2007): Moderater Konstruktivismus. In: KRÜGER, D. u. H. VOGT (Hrsg.) (2007): Theorien in der biologiedidaktischen Forschung. Ein Handbuch für Lehramtsstudenten und Doktoranden. Berlin, S. 69-79

RUTKE, U. (2006): Schülervorstellungen und wissenschaftliche Vorstellungen zur Entstehung und Entwicklung des menschlichen Lebens. Ein Beitrag zur Didaktischen Rekonstruktion. München. Online unter: http://edoc.ub.uni-muenchen.de/8625/1/Rutke_Ulrike.pdf (abgerufen am 12.02.14)

SCHNOTZ, W. (2006): Conceptual Change. In: ROST, D. H. (Hrsg.) (2006): Handwörterbuch Pädagogische Psychologie. Weinheim, S. 77-82

SCHUBERT, J. C. (2012): Schülervorstellungen zu Wüsten und Desertifikation. Eine empirische Untersuchung zu einem zentralen Thema des Geographieunterrichts. Münster. Online unter: http://miami.uni-muenster.de/Record/fb437d71-64e3-4845-8b24-2ea5235d6b2b (abgerufen am 15.01.14)

SCHULER, S. (2010): Alltagstheorien zu den Ursachen und Folgen des globalen Klimawandels. Erhebung und Analyse von Schülervorstellungen aus geographiedidaktischer Perspektive. Bochum

SIX, R. (2001): Wüste ist nicht gleich Wüste. Hamada, Serir und Erg. In: PRAXIS GEOGRAPHIE 31, H. 7-8, S. 14-17

SPIEL, C. (1988): Experiment versus Quasiexperiment. Eine Untersuchung zur Freiwilligkeit der Teilnahme an wissenschaftlichen Studien. In: ZEITSCHRIFT FÜR EXPERIMENTELLE UND ANGEWANDTE PSYCHOLOGIE 35, S. 303-316

SÖRENSEN, L. (2009): Desertifikation -eine globale Herausforderung. In: PRAXIS GEOGRAPHIE 39, H. 6, S. 4-9

STEYER, R. (2003): Wahrscheinlichkeit und Regression. Heidelberg

STRIKE, K. A. u. G. J. POSNER (1992): A Revisionist Theory of Conceptual Change. In: DUSCHL, R. u. R. HAMILTON (Hrsg.) (1992): Philosophy of Science, Cognitive Psychology and Educational Theory and Practice. New York, S. 147-176

TERHART, E. (1999): Konstruktivismus und Unterricht. In: ZEITSCHRIFT FÜR PÄDAGOGIK 45, H. 5, S. 629-647

7. Abbildungsverzeichnis

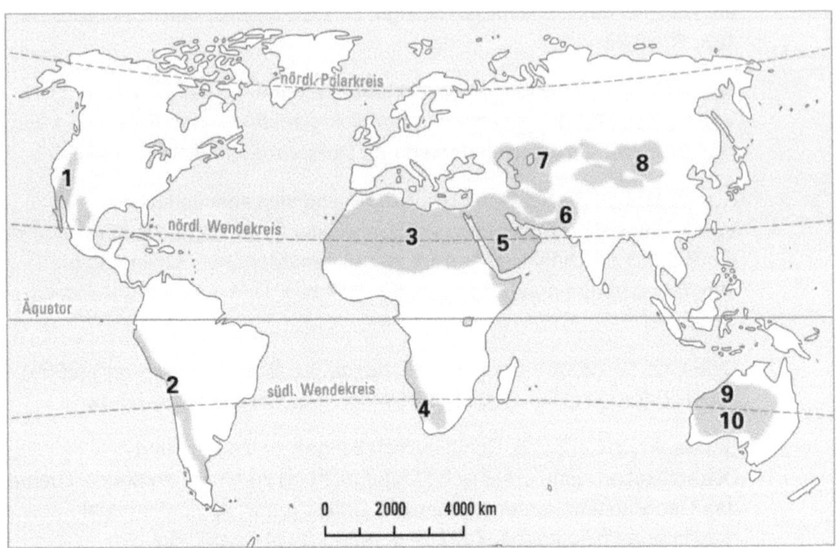

Abbildung 15: Wüsten der Erde (Quelle: Rausch et al. 2006, S. 140)

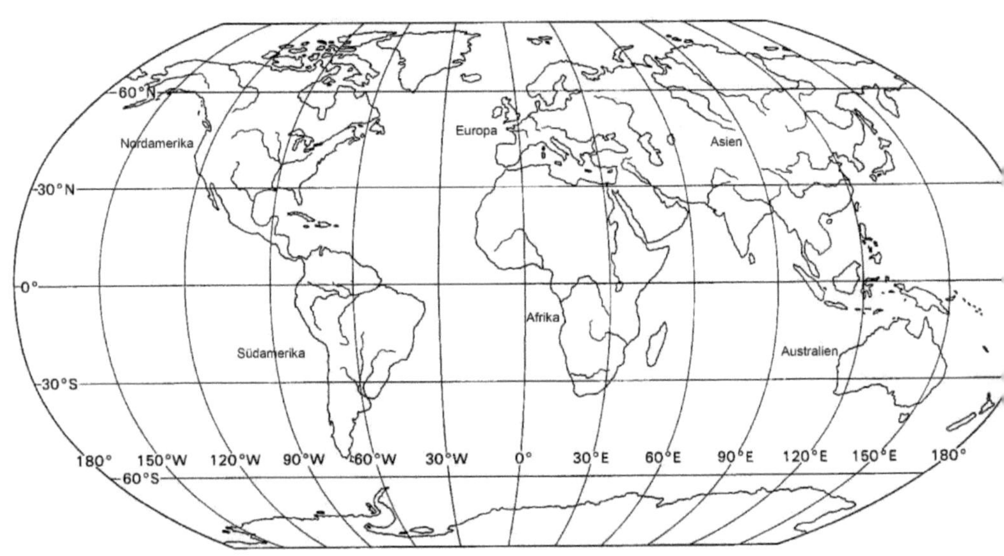

Abbildung 16: Leere Weltkarte (Quelle: Unbekannt)

Kernlehrplan für das Gymnasium - Sekundarstufe I (G8) in Nordrhein- Westfalen

Perspektive des Faches Erdkunde:
Das Fach zielt auf das Verständnis der naturgeographischen, ökologischen, politischen, wirtschaftlichen sowie sozialen Strukturen und Prozesse der räumlich geprägten Lebenswirklichkeit. Die Erfassung des Gefüges dieser Strukturen und Prozesse sichert das für den Einzelnen und die Gesellschaft notwendige Wissen über den Raum als Grundlage für eine zukunftsfähige Gestaltung der nah- und fernräumlochen Umwelt . Durch die Erschließung sowohl des Nahraumes als auch fremder Lebensräume wird Toleranz gegenüber dem Eigenwert fremder Kulturen angebahnt und auf ein Leben in einer international verflochtenen Welt vorbereitet. Der Aufbau eines topographischen Grundwissens über themenbezogene weltweite Orientierungsraster ist Voraussetzung für ein differenziertes raumbezogenes Verflechtungsdenken.

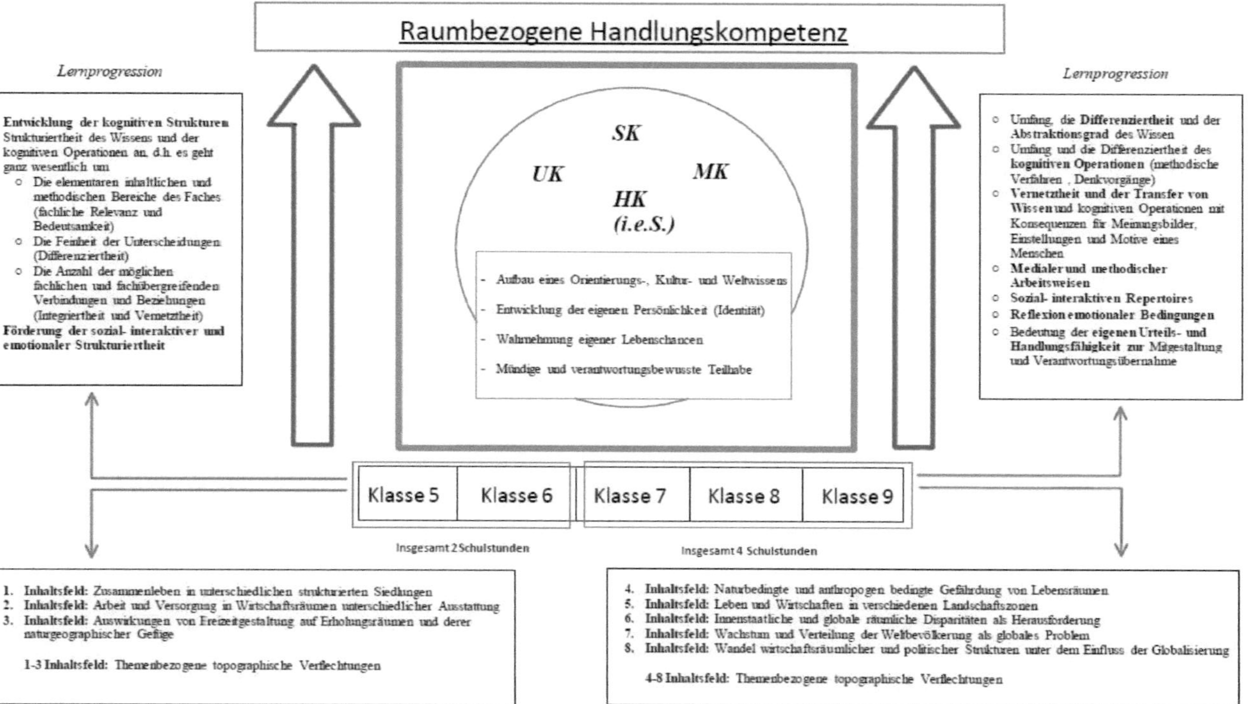

Abbildung 17: Kernlehrplan (Eigene Darstellung nach MSW NRW 2007)